上海市工程建设规范

应急避难场所设计标准

Design standard for emergency shelter

DG/TJ 08—2188—2023
J 13268—2023

主编单位：上海市园林设计研究总院有限公司
　　　　　华东建筑集团股份有限公司
批准部门：上海市住房和城乡建设管理委员会
施行日期：2023 年 12 月 1 日

同济大学出版社

2023　上海

图书在版编目(CIP)数据

应急避难场所设计标准 / 上海市园林设计研究总院有限公司,华东建筑集团股份有限公司主编. —上海:同济大学出版社,2023.12
 ISBN 978-7-5765-0992-2

Ⅰ.①应… Ⅱ.①上… ②华… Ⅲ.①紧急避难-公共场所-建筑设计-设计标准-上海 Ⅳ.①TU984.199-65

中国国家版本馆 CIP 数据核字(2023)第 234027 号

应急避难场所设计标准

上海市园林设计研究总院有限公司
华东建筑集团股份有限公司 主编

责任编辑　朱　勇
责任校对　徐春莲
封面设计　陈益平

出版发行	同济大学出版社　www.tongjipress.com.cn	
	(地址:上海市四平路1239号　邮编:200092　电话:021-65985622)	
经　　销	全国各地新华书店	
印　　刷	浦江求真印务有限公司	
开　　本	889mm×1194mm　1/32	
印　　张	2.25	
字　　数	60 000	
版　　次	2023年12月第1版	
印　　次	2023年12月第1次印刷	
书　　号	ISBN 978-7-5765-0992-2	
定　　价	50.00元	

本书若有印装质量问题,请向本社发行部调换　　版权所有　侵权必究

上海市住房和城乡建设管理委员会文件

沪建标定〔2023〕277号

上海市住房和城乡建设管理委员会关于批准《应急避难场所设计标准》为上海市工程建设规范的通知

各有关单位：

由上海市园林设计研究总院有限公司、华东建筑集团股份有限公司主编的《应急避难场所设计标准》，经我委审核，现批准为上海市工程建设规范，统一编号为DG/TJ 08—2188—2023，自2023年12月1日起实施。原《应急避难场所设计规范》(DG/TJ 08—2188—2015)同时废止。

本标准由上海市住房和城乡建设管理委员会负责管理，上海市园林设计研究总院有限公司负责解释。

上海市住房和城乡建设管理委员会
2023年6月1日

前 言

根据上海市住房和城乡建设管理委员会《关于印发〈2021年上海市工程建设规范、建筑标准设计编制计划〉的通知》（沪建标定〔2020〕771号）的要求，标准编制组在广泛调查研究，认真总结实践经验，参考有关国际标准，并在广泛征求意见的基础上，完成本标准的编制工作。

本标准的主要内容有：总则；术语；建设要求；总体设计；避难功能设计；避难设施设计；避难建筑设计；附录A和附录B。

各单位及相关人员在执行本标准过程中，如有意见和建议，请反馈至上海市国防动员办公室（地址：上海市复兴中路593号；邮编：200020；E-mail：mfb01@shanghai.gov.cn），上海市园林设计研究总院有限公司（地址：上海市真南路822弄265号；邮编：200331；E-mail：shyjbncs@163.com），上海市建筑建材业市场管理总站（地址：上海市小木桥路683号；邮编：200032；E-mail：shgcbz@163.com），以便今后修订时参考。

主编单位：上海市园林设计研究总院有限公司
华东建筑集团股份有限公司
参编单位：上海市地下空间设计研究总院有限公司
主要起草人：卫丽亚　张希波　周航建　张　颖　冯　春
张志勇　李建光　曹　峰　阎　迅　鞠晓丹
杨　军　王玉珍　袁礼文　马明辉　陆轶群
王　睿　杨　辉
主要审查人：徐启叶　沈志红　姜世峰　姜文伟　茹雯美
夏　林　俞　帆

上海市建筑建材业市场管理总站

目 次

1 总 则 1
2 术 语 2
3 建设要求 4
   3.1 场所布局 4
   3.2 场所选择 4
   3.3 设防要求 5
4 总体设计 8
   4.1 总体布局 8
   4.2 交通设计 10
5 避难功能设计 13
   5.1 管 理 13
   5.2 人员安置 13
   5.3 物资保障 15
   5.4 医疗卫生救护 15
6 避难设施设计 16
   6.1 给水与排水 16
   6.2 消防供水 18
   6.3 电 气 19
   6.4 垃圾收集 21
   6.5 厕 所 22
   6.6 标 识 22
7 避难建筑设计 25
   7.1 建筑设计 25
   7.2 结构设计 26
   7.3 建筑设施与环境 27

附录 A 避难设施配置要求及保障类型	28
附录 B 应急避难标识基本要求	34
本标准用词说明	40
引用标准名录	41
标准上一版编制单位及人员信息	42
条文说明	43

Contents

1 General provisions ·· 1
2 Terms ··· 2
3 Construction requirements ····································· 4
   3.1 Spatial layout ·· 4
   3.2 Site location ·· 4
   3.3 Disaster fortification requirements ······················ 5
4 Overall design ··· 8
   4.1 Overall layout ·· 8
   4.2 Design of the transportation system ················· 10
5 Design of the emergency zone ······························ 13
   5.1 Management ·· 13
   5.2 Refugee placement ······································· 13
   5.3 Commodities-ensuring ··································· 15
   5.4 Emergency zone for medical care ····················· 15
6 Design of emergency facilities ······························· 16
   6.1 Water supply and drainage design ···················· 16
   6.2 Fire-water supplying ······································ 18
   6.3 Electricity design ·· 19
   6.4 Garbage collection ·· 21
   6.5 Toilet design ·· 22
   6.6 Sheltering signs design ·································· 22
7 Design of emergency congregate sheltering structure ······ 25
   7.1 Architectural design ······································ 25
   7.2 Structural design ·· 26
   7.3 Building equipment and environment design ········· 27

Appendix A Shelter facility configuration requirements
          and protection types ································ 28
Appendix B The basic requirements for the emergency
          sheltering signs ······································· 34
Explanation of wording in this standard ······················ 40
List of quoted standards ·· 41
Standard-setting units and personnel of the previous
  version ·· 42
Explanation of provisions ··· 43

1 总　则

1.0.1 为加强和规范上海市应急避难场所设计工作,科学合理地确定场所的内容和规模,提升上海市应急救助保障能力,实现上海城市高质量发展和高品质生活的需要,制定本标准。

1.0.2 本标准适用于上海市应急避难场所的新建和改建设计。

1.0.3 上海市应急避难场所建设应遵循"融合式建设、标准化嵌入、功能性叠加、多灾种防护"的原则,合理确定建设规模,满足发生突发性灾害时的应急救助功能,保障避难人员的基本生存需求。

1.0.4 上海市应急避难场所设计除应符合本标准的规定外,尚应符合国家、行业及本市现行有关标准的规定。

2 术语

2.0.1 应急避难场所 emergency shelter

在灾害发生前配置避难功能和设施,当灾害发生时,用于集中救援且保障避难人员生活的避难场地或避难建筑。

上海市应急避难场所分为等级应急避难场所和社区应急避难场所。

2.0.2 等级应急避难场所 hierarchical resident emergency shelter

灾时用于避难人员避难和进行集中性救援,具备宿住功能的应急避难场所。

上海市等级避难场所按规模和功能分为Ⅰ类应急避难场所、Ⅱ类应急避难场所和Ⅲ类应急避难场所。

Ⅰ类应急避难场所可分为中心避难场所、固定长期场所和固定中期场所;Ⅱ类应急避难场所可分为固定中期场所和固定短期场所;Ⅲ类应急避难场所为固定短期场所。

2.0.3 社区应急避难场所 emergency shelter in community

灾时用于避难人员就近紧急或临时避难,不具备宿住功能的应急避难场所。是灾时避难人员临时集合并转移到等级应急避难场所前的过渡性场所,又称紧急避难场所。

2.0.4 避难面积 effective and safe area for emergency congregate sheltering

避难场所内除去水面和其他不宜收容人员避难的场所面积外,其余安全的,可用于布局各项避难功能以及放置各类避难设施所占用的面积。

2.0.5 人员安置区人均避难面积 per capita net sheltering area

人员安置区内供单个避难人员宿住或休息的空间在水平地

面的人均投影面积。

2.0.6 避难功能区　emergency zones

避难场所内,用于灾时为避难人员提供各项避难功能(管理、宿住、医疗卫生救护、发放物资等)的区域。

2.0.7 避难宿住区　sheltering accommodation area

等级应急避难场所中,用于避难人员宿住,由避难宿住单元和避难设施组成的功能片区。

2.0.8 避难设施　emergency facilities

避难场所内配置的,用于灾时保障抢险救援工作,并满足避难人员基本生活需要的工程设施。

2.0.9 永久保障型功能　permanent resilience feature

在灾害发生前进行同步设计和建设,具备在自然灾害或突发事件发生时立即启用的能力,可为灾时避难提供持续支持的避难功能。

2.0.10 紧急转换型功能　emergency transition feature

在日常时期,与常规设计和建设同步进行,但在自然灾害或突发事件发生时,通过功能转换程序,能够快速满足灾时避难的需求,并保持正常运行的功能。

2.0.11 紧急引入型功能　emergency deployment feature

在保证结构安全的前提下,在自然灾害或突发事件发生时,通过应急评估和处理程序,从现有建筑或户外场地工程中选择或紧急设置和建造的避难功能。

2.0.12 避难建筑　emergency congregate sheltering structure

灾前具备避难设施,灾时可为避难人员提供给宿住或休息等避难功能的建筑。

3 建设要求

3.1 场所布局

3.1.1 避难场所设计时,应以批复的场所类型和避难人数、总体应急预案的避难要求、现状条件等为设计依据,在场所安全区域明确布局各类避难功能,并配置相应的避难设施。

3.1.2 各类型避难场所的设计指标应符合表3.1.2的规定。

表3.1.2 避难场所设计指标

场所类型			避难场所设计开放时间(d)	避难人数（人）	避难面积（m^2）	人员安置区人均避难面积（m^2/人）
大类	中类	小类				
等级应急避难场所	Ⅰ类	中心避难场所	≤100	≤90 000	≥50 000	≥4.5
		固定长期场所				
	Ⅱ类	固定中期场所	≤30	≤23 000	≥36 000	≥3.0
		固定中期场所		≤12 000	≥10 000	
	Ⅲ类	固定短期场所	≤15	≤5 000	≥6 000	≥2.0
		固定短期场所		≤3 000	≥3 000	
社区应急避难场所	—	紧急避难场所	≤3	≤1 000	≥1 000	≥1.0

注:如社区应急避难场所经评估无法达到该类型避难面积的最低指标,经批准可以将避难面积和避难人数适当降低,但避难面积不得小于500 m^2。

3.2 场所选择

3.2.1 避难场所宜选择场地地形较平坦、地势较高、有利于排水、空气流通、具备一定基础设施、场所周边有医疗设施的公共空间，避难建筑应优先选择抗灾设防标准高、抗灾能力好的公共建筑。安全性应符合下列规定：

1 应避开可能发生海啸、湖涌、滑坡、崩塌、地陷、地裂的地段，以及地震断裂带上可能发生地表位错的部位，应避开行洪区、分洪口、洪水期间进洪或退洪主流区、高压线走廊区域。

2 应避开周边建(构)筑物倒塌和坠落影响范围。

3 应避开易燃、易爆、有毒危险物品生产储存场所，严重污染以及其他易发生次生灾害的地段。

4 与周围一般地震次生火灾源之间的距离不应小于 30 m。

5 应避开长输天然气管道、输油管道穿越场所。如长输天然气管道、输油管道在场所周边敷设，应满足安全防护距离的要求。

3.2.2 避难场所可通达性应符合下列规定：

1 避难场所应有可靠交通连接，与周边避难场所应有疏散道路连接。

2 社区应急避难场所可选择居住区内的花园、广场、空地、避难建筑等空间。

3.3 设防要求

3.3.1 避难场所设防应符合下列规定：

1 在遭受设防标准涵盖的灾害影响下，避难场所应满足避难人员的基本安全及生活需要。避难建筑的主体结构不应发生影响避难功能的中等破坏；其他结构构件和非结构构件不应发生严重破坏，其避难功能基本正常或可快速恢复，不影响使用或通过紧急处置即可继续使用；避难设施不应发生严重破坏或应能及时恢复；需临时设置的避难设施和设备应能及时安装和启用。

2 在遭受高于设防标准的灾害影响下,在周边地区遭受严重灾害和次生灾害影响时应能保证基本安全及保障避难人员基本生存,避难建筑和避难设施不倒塌或不发生危及避难人员生命安全的严重破坏。

3 在临灾时期和灾时启用的避难场所,应保证避难建筑和避难设施不发生危及重要避难功能的破坏,满足灾害发生过程中的避难要求。

4 避难场所内的非避难设施,不得影响避难场所内避难设施的使用,不得危及避难人员生命安全。

3.3.2 当遭受相当于本地区抗震设防烈度对应的罕遇地震影响时,用于躲避地震灾害的避难设施不应发生严重破坏或不能及时恢复的破坏,用于躲避地震灾害的避难建筑不应发生中等及以上破坏,应急疏散和避难功能应能得到有效保障。

3.3.3 用于躲避风灾的避难场所,当遭受 100 年一遇的当地基本风压对应的风灾影响时,避难设施不应发生严重破坏或不能及时恢复的破坏,避难建筑不应发生中等及以上破坏,避难人员的生活需求应能得到有效保障。应满足临灾时期和灾时避难的安全防护要求,龙卷风安全防护时间不应少于 3 h,台风安全防护时间不应少于 24 h。

3.3.4 用于躲避洪水灾害的避难场所,其设定防御标准应高于按当地防洪标准和流域防洪要求所确定使用情景下的淹没水位,且其中躲避洪水灾害的场地的避难功能区和安全台地面标高的安全超高不应低于 0.5 m。

3.3.5 应保证避难场所内的避难功能区不被水淹,场所内的排水工程设计应符合下列规定:

1 避难建筑屋面排水设计重现期不应低于 5 年,室外场地不应低于 3 年。

2 Ⅰ类中心避难场所及其周边区域的排水设计重现期不应

低于5年。其他等级应急避难场所,其周边区域的排水设计重现期不应低于3年。

  3 躲避台风的避难场所排水设计应保证在100年一遇的暴雨和台风条件下,场所内的避难建筑首层地面不被淹没。

4 总体设计

4.1 总体布局

4.1.1 避难场所设计应包括总体设计、避难功能区布局、避难设施设计和避难建筑设计。

4.1.2 避难场所应根据承担的避难功能，布局避难功能区，配置相应的避难设施，避难功能区配置及保障类型应符合表4.1.2的规定。

表 4.1.2 避难功能区配置

避难功能	避难功能区	等级应急避难场所						社区应急避难场所
		Ⅰ类		Ⅱ类			Ⅲ类	—
		中心避难场所	固定长期场所	固定中期场所	固定中期场所	固定短期场所	固定短期场所	紧急避难场所
交通	出入口	●	●	●	●	●	●	●
	疏散道路	●	●	●	●	●	●	●
	机动车停车场	●	●	○	○	△	△	△
	非机动车停车场	○	○	○	○	○	○	△
	直升机起降场地	●	○	△	△	△	△	△
管理	应急指挥区	●	●	△	△	△	△	△
	应急管理区	●	●	●	●	●	●	△
人员安置	避难宿住区	●	●	●	●	●	●	△
	特殊人群避难宿住区	●	●	●	●	○	○	△
	公共活动区	●	○	○	○	○	○	△
	休息区	△	△	△	△	△	△	●

续表4.1.2

避难功能	避难功能区	等级应急避难场所						社区应急避难场所
		Ⅰ类		Ⅱ类			Ⅲ类	—
		中心避难场所	固定长期场所	固定中期场所	固定中期场所	固定短期场所	固定短期场所	紧急避难场所
物资保障	物资储备区	●	●	●	●	○	○	△
	物资发放区	●	●	●	●	●	●	●
医疗卫生救护	医疗卫生救护区/点	●	●	●	●	●	●	△

注:"●"表示应设;"○"表示宜设;"△"表示可设。

4.1.3 人员安置区的选址应避开水体、湿地、蓄滞洪区、集水区、建(构)筑物倒塌范围之内、乔灌木密集区、自然坡度大于30°的陆地等不宜收容人群的区域。

4.1.4 避难功能区所占用的人均面积指标宜符合表4.1.4的规定。

表 4.1.4 避难功能区所占用的人均面积指标

避难功能区	人均面积指标(m^2)
特殊人群避难宿住区	≥3.0
公共活动区	≥1.0
物资发放区	≥0.04
医疗卫生救护区/点	≥0.04

4.1.5 避难设施配置应考虑各类用地和工程设施的安全性与适宜性。新建的避难场所,其避难设施应结合场所主体设施进行统一设计;改建的避难场所,其避难设施应与场所原有的设施相融合。避难设施的配置及保障类型内容应符合本标准附录A的有关规定,且符合以下规定:

1 避难设施按配置时间和利用方式不同,可划分为永久保障型、紧急转换型和紧急引入型。避难设施在启用前应进行应急转换,并配置到位。

2 灾时使用的大型器材设施应以钢材或混凝土等稳定性高的材料为主,配以相应的可移动或变动结构,便于拆卸或移除。

3 灾时使用的避难设施应满足防火、抗污染、防水、防震、节能、环保和消声等技术要求。

4 避难设施宜进行隐蔽型设计;对于露出地面的避难设施,应与周边的环境相协调,宜进行安全及美观处理。

5 避难场所内不宜设置架空设施,当必须设置架空设施时不应影响避难人员的安全,并应设置警告标志。

4.2 交通设计

4.2.1 避难场所的灾时交通功能应结合避难场所类型和避难功能布局的要求设置,场所出入口的数量应符合表4.2.1的规定。

表 4.2.1 出入口数量

场所类型	等级应急避难场所						社区应急避难场所
	Ⅰ类			Ⅱ类		Ⅲ类	—
	中心避难场所	固定长期场所	固定中期场所	固定中期场所	固定短期场所	固定短期场所	紧急避难场所
出入口数量(个)	≥4	≥4	≥2	≥2	≥2	≥2	≥2

4.2.2 出入口应连接场所内外部的道路,其设置符合下列规定:

1 用于避难人员疏散的所有出入口的总宽度不应小于10 m/万人,人行出入口的宽度不应小于1.5 m,车行出入口的宽度不应小于3.5 m,灾时可临时增设出入口。

2 有条件的避难场所宜设置应急保障车辆的专用出入口,并满足应急保障车辆的通行要求。

3 避难人数超过4 000人的人员安置区周边,如有围挡设施,应设置出入口。

4.2.3 避难场所内的疏散道路设置应符合下列规定:

1 避难场所内的疏散道路应连通各避难功能区、避难建筑和主要避难设施,主要道路应具有引导疏散的作用,并沿路设置指示牌。

2 通向避难人员大量集中地区的道路应设置环形路或回车场地。

3 避难场所内的疏散道路可按主要道路、次要道路、支道和人行道分级设置。道路路面可采用柔性材料,有效宽度宜符合表4.2.3-1的规定。

表4.2.3-1 疏散道路有效宽度

道路类别	道路有效宽度(m)
主要道路	≥7.0
次要道路	≥4.0
支道	≥3.5
人行道	≥1.5

4 Ⅱ类固定中期场所及以上级别的应急避难场所,内部通往避难功能区的道路应能满足中型及以上车辆通行的要求。

5 疏散道路有效宽度的边缘至避难设施的距离,宜符合表4.2.3-2的规定。

表4.2.3-2 疏散道路有效宽度的边缘至避难设施的距离

设施与道路的关系	主、次道路(m)	支道(m)
有出入口	≥2.0	≥1.5
无出入口	≥1.0	≥1.0

4.2.4 避难场所内消防车道设置应符合下列规定:

1 供消防车取水的天然水源和消防水池应设置消防取水平台,并应连接车道。

2 消防车道的净宽度和净空高度不应小于4.0 m,转弯半径应满足消防车转弯的要求。

3 避难场所内宜设置环形网状消防车道,避难功能区之间可供消防车通行的道路间距不宜大于160 m。

4 避难场所内可供消防车通行的尽头式道路的长度不宜大于120 m,并应设置长度和宽度均不小于12 m的回车场地。

5 供消防车停留的车道及空地坡度不宜大于3%。

4.2.5 避难场所内直升机起降场地应设置最终进近和起飞区、直升机起降区,且起降区应设在空旷、平坦、无妨碍直升机起飞降落的地带,其设置要求应符合现行行业标准《民用直升机场飞行场地技术标准》MH 5013的规定。

4.2.6 用于停放应急保障车辆的机动车停车场,应设在便于车辆出入的区域,且与场所内的疏散道路和出入口相连。

5 避难功能设计

5.1 管 理

5.1.1 应结合场所内具有管理服务功能的建筑或区域设置管理功能。

5.1.2 Ⅰ类中心避难场所宜独立设置服务于某行政区的应急指挥功能区,且应包括机动车停车、直升机起降场地等,并应配置监控、通信、供电等设施。

5.1.3 应急管理区应包括应急管理室和应急管理点,并符合下列规定:

  1 应急管理室应有监控、通信、广播等设施,面积不宜小于 $50\ m^2$,可结合场所内具有管理功能的建筑设置,也可采用灾时室外搭设帐篷等方式设置。

  2 宜在避难宿住区主要出入口处设置应急管理点,建筑内的管理点宜结合每层的避难宿住区分别设置,使用面积不宜小于 $40\ m^2$。

5.2 人员安置

5.2.1 社区应急避难场所内的人员安置功能指休息区。等级应急避难场所内的人员安置功能应包括避难宿住区、公共活动区,宜在有条件的避难场所内设置特殊人群避难宿住区。可在场所内集中或分散设置人员安置功能。

5.2.2 避难宿住区应设在便于人员安全疏散、受外部干扰较少的地段,并应根据灾害环境、气候、地形地貌、基础设施配套及避难人员特点等进行布局。其设计要求应符合下列规定:

1 应根据避难人数,分隔相对独立的避难宿住单元,分单元配置相关避难设施;各单元间宜利用常态设施或缓冲区进行分隔,并应满足防火要求。

2 可按避难人数和宿住面积规模划分为宿住组、宿住组团、宿住单元三级。

3 每个宿住组内应按现行国家标准《建筑灭火器配置设计规范》GB 50140 的有关规定配置灭火器。

4 避难人数大于或等于 35 000 人的避难宿住区之间,应设置宽度不小于 28 m 的缓冲区。

5 集中配置的公用卫生间、垃圾存放和处置设施与宿住设施之间应留有防护距离。

6 当采用帐篷或简易活动房等形式作为避难宿住使用时,应满足以下要求:

1) 避难宿住区的避难人数不宜超过 64 000 人,宿住面积不宜大于 70 000 m^2,占地面积不宜超过 120 hm^2。避难宿住区与其他设施的最小安全间距不应小于 16 m。

2) 避难宿住区可按表 5.2.2-1 的分级控制指标进行规模控制。

表 5.2.2-1 分级控制指标

内容	宿住组	宿住组团	宿住单元
避难人数(人)	≤1 000	≤4 000	≤16 000
宿住面积(m^2)	≤1 080	≤4 320	≤17 280
间距要求(m)	≥1.5	≥4.0	≥8.0
占地面积(hm^2)	≤0.15	≤0.64	≤2.60

3) 避难宿住区内每个防火分区的最大宿住面积不应大于 4 500 m^2,每个防火分区的占地面积不应大于 6 400 m^2,边长不应大于 80 m,防火分区之间的间距不应小于 4 m。

4) 帐篷之间的距离宜符合表 5.2.2-2 的规定。

表 5.2.2-2 帐篷间距

帐篷间关系	门对门	门对墙
间距(m)	≥2.0	≥1.5

  5）帐篷宿住组的间距不应小于帐篷高度的 0.8 倍，帐篷宿住组团的间距不应小于两侧帐篷高度 0.8 倍之和。
  6）宿住单元之间宜利用通道等进行分隔。
 7 室外公共活动区可布置在避难宿住区附近，面积不宜小于 70 m²；避难建筑内的公共活动区宜结合每层的避难宿住区设置，总建筑面积不宜小于 200 m²。

5.3 物资保障

5.3.1 物资保障功能应包括物资储备区和物资发放区。
5.3.2 物资储备区应与城市应急物资储备体系相衔接，可结合场所周边或场所内的超市、商场和仓库等设施设置。
5.3.3 宜在避难人员宿住区附近设置物资发放区，其使用面积不宜小于 40 m²，避难建筑内的物资发放区宜结合每层的人员宿住区分层设置。

5.4 医疗卫生救护

5.4.1 可利用避难场所周边的医院或医疗卫生设施，为场所提供医疗卫生救护功能，并在避难场所内设置医疗卫生救护区/点，且使用面积不宜小于 40 m²。
5.4.2 等级应急避难场所周边无可利用医院或医疗卫生设施时，应在避难场所内设置应急医疗卫生救护区，并符合现行国家标准《防灾避难场所设计规范》GB 51143、《特殊设施工程项目规范》GB 55028 的有关规定。

6 避难设施设计

6.1 给水与排水

6.1.1 避难场所宜采用城镇市政给水管网、灾时储水或灾时取水深井取水共同供水。当两种水源同时使用时,应采取防止两种水源串通的隔断措施。

6.1.2 灾时应急供水、储水、水处理净化及消毒设施宜设置在独立的区域。

6.1.3 避难场所使用的市政供水管网应满足两路市政供水要求,灾时供水系统宜从成环的市政供水管网上接出,与市政给水管网的接口不宜少于2个;如2个接口之间在应急避难场所内部成环,应设置阀门。

6.1.4 采用临灾安装的储水箱及增压设施,平时应预留设施放置的区域。

6.1.5 避难场所应满足人员基本生活用水、救灾用水和消防用水的需要,灾前设置灾时水源等功能,并配置储水、取水、水处理等设施,且应符合下列规定:

1 等级应急难场所应具备不少于2种方式的供水来源。可采用市政水源、灾时应急储水装置储水、场所500 m范围内的深井或地表水源等方式供水。

2 社区应急避难场所应具备不少于2种方式的供水来源。可采用市政水源、移动供水车和桶装水等方式供水。

3 避难场所内的室外供水设施应具备不少于2种方式的供水来源,并应有可靠保障措施。

4 如设置深井取水,可配置储水水箱,其容积不应小于深井

30 min 的出水量。

5 灾时供水来源作为生活用水使用时,应对其进行消毒处理;灾时供水来源作为饮用水使用时,应对其进行消毒净化处理。

6 灾时应急储水装置可采用灾时贮水池(箱)、灾时储水袋等设施。应急饮用水的灾时应急储水装置宜单独设置,如储水装置同时储存基本生活用水和饮用水时,应有保障应急饮用水水量不被挪用的措施。

7 灾时应急储水装置可集中或分散设置,分散设置时宜按灾时供水保障对象的分布进行布置。

6.1.6 避难人员基本用水量应符合表 6.1.6 的规定。

表 6.1.6 避难人员基本用水量

类别		基本用水量[L/(人·d)]		
		饮用水	基本生存生活用水	基本生活用水
应急医疗	伤病员	5	20	40~60
	工作人员	3~5	10	10~20
其他人员		3~5		4~10

6.1.7 灾时放置在应急避难场所内的储水装置,储水容量不应低于 3 d 的饮用水和基本生存生活用水的水量之和,水质应符合现行国家标准《生活饮用水卫生标准》GB 5749 的有关规定。

6.1.8 避难建筑室内应预留备用给水接口,供灾时使用。

6.1.9 基本生活用水和饮用水的供给,可采用变频给水设施、高位水池(箱)、移动供水车辆及一体化净水设施等供水设施。灾时电源无保证的避难场所,应有保证灾时供水的措施。

6.1.10 避难场所的污、废水可利用场所内或附近市政排污设施自流排出;如场所排水受现状条件限制,可设生活污水集水池。灾时供水点的移动饮水平台应设置排水管道,并接至附近排水井。独立设置的应急医疗卫生救护区应满足医疗污水处理要求,排放标准应符合现行国家标准《医疗机构水污染物排放标准》

GB 18466 的规定。

6.1.11 灾时应急生活污水集水池的有效容积,应按照不小于避难场所开放 3 d 产生的全部污水量的 1.25 倍设计。

6.1.12 避难场所采用的给排水管材应符合现行国家标准《建筑给水排水设计标准》GB 50015 的规定。

6.1.13 平灾共用及仅供灾时使用的供水设施应符合下列规定:

1 供平时使用的生活水池(箱)可兼作灾时储水装置,但应具备在 1 d 内完成系统转换及充水的措施。

2 仅供灾时使用的供水系统,除储水装置、水泵、增压罐及末端饮(供)水装置平时可不安装外,其他构筑物及管线均应建造和安装到位,并预留快速接口或采用其他可靠的技术措施,确保灾时能在 1 d 内完成设施的安装和调试。

3 平时不使用的淋浴器和加热设施,灾前可暂不安装,但灾前应预留管道接口和固定的预埋件,确保灾时正常启用。

6.1.14 深井设计应符合下列规定:

1 新建深井应经过水资源论证。

2 深井周围 50 m 范围内不得存在污染源。

3 深井回扬水排水池应有足够的排泄能力,并应设置防止污水倒流的装置。

4 已建深井可为 500 m 范围内相邻的应急避难场所提供水源,相邻的应急避难场所应预留给水接口与其对接,保障场所内用水。

5 应急避难场所内的监控系统应能监测深井供水。

6.2 消防供水

6.2.1 等级应急避难场所应设置消防系统,并有消防水源、消防设施及消防器材,且应符合下列规定:

1 当等级应急避难场所内宿住区的避难人数大于或等于

35 000人时,消防用水量应按不少于2次火灾、每次灭火用水量不小于10 L/s、火灾延续时间不小于1.0 h设计;其他情况应按不少于1次火灾、每次灭火用水量不小于10 L/s、火灾延续时间不小于1.0 h设计。

2 避难场所应配置灭火器,灭火器的配置设计应符合现行国家标准《建筑灭火器配置设计规范》GB 50140的有关规定,室外宿住区灭火器配置标准宜按A类固体物质火灾严重危险级设置;室外灭火设施可采用平时固定设置和灾时紧急配置的方法实施。

3 消防供水系统及消防设施可与平时系统共用,但共用系统应同时满足平时及灾时消防要求,并应符合现行国家标准《建筑防火通用规范》GB 55037和《建筑设计防火规范》GB 50016的有关规定。

4 消防供水设计宜综合利用市政供水体系、灾时储/取水体系和其他天然水系的供水能力,并应采取可靠的消防取水措施。

5 消防水量应能满足平时或灾时的使用要求,计算消防水量时应按平时或灾时的较大水量值取值。

6.2.2 等级应急避难场所宿住区内灭火器配置标准宜按A类固体物质火灾严重危险级设置。社区应急避难场所休息区应配置消防设施或器材,并应符合本标准附录A的有关规定。

6.2.3 避难场所的室外消防设施的服务范围应符合现行国家标准《建筑防火通用规范》GB 55037和《建筑设计防火规范》GB 50016的有关规定,并应满足灾后避难期间消防扑救的需要。

6.3 电　气

6.3.1 改建或新建避难功能的应急避难场所,应利用原有建筑或场地内的市政电源作为场所的灾时正常电源。

6.3.2 避难场所内安装的设施应结合安装场所现状,采取抗震、防雨水、防晒、防冻、防电击等防护措施；结合现有建筑设置的电气设施，平时应安装到位。

6.3.3 避难场所的负荷等级应符合表6.3.3的规定。

表6.3.3 灾时避难负荷分级

避难场所类型（小类）	设施名称	负荷等级
紧急避难场所	通信系统、广播系统、监控系统、灾时照明等	三级
	主要通道照明	三级
固定短期场所	通信系统、广播系统、监控系统、灾时照明、主要医疗卫生救护房间的照明和设施、标识照明等	二级
	不属于一级和二级负荷的其他负荷	三级
固定中期场所固定长期场所中心避难场所	通信系统、广播系统、监控系统、灾时照明、主要医疗卫生救护房间的照明和设施、灾时供水设施、柴油发电机组的配套设施、直升机起降场地内重要照明、标识照明	一级
	主要通道照明	二级
	不属于一级和二级负荷的其他负荷	三级

6.3.4 避难场所供电系统设计应符合下列规定：

1 Ⅱ类固定中期及以上场所应采用发电机组作为自备灾时应急电源；灾时应急电源主要保障一级负荷用电需求，当灾时正常电源不能满足一、二级负荷供电条件时，灾时应急电源尚需满足全部一、二级负荷用电需求。

2 避难场所的建筑、发电和配电设施应符合防雷、接地的国家有关标准和规范要求。

3 每个避难功能区应设置电源配电柜（箱）。电源配电柜（箱）宜设在靠近负荷中心和便于操作维护处。

4 避难场所应考虑避难人员移动设施充电需求。

5 插座和移动设施应设置不大于30 mA的剩余电流保护装置。

6 避难场所内应储备移动照明装置供应急状态下紧急使用。

6.3.5 发电机应满足下列规定：

1 避难场所应利用建筑内应急发电机组作为灾时应急电源，如无应急发电机组，宜采用移动发电机组作为灾时应急电源；当避难场所附近有人防固定电站时，可利用人防工程固定电站作为灾时应急电源。

2 移动发电机组燃料灾时由就近燃料站供给，应急避难场所内不考虑燃料贮存。

3 发电机组宜安装在负荷中心或配电间附近，远离人员安置区、指挥区、医疗区、出入口布置。

4 发电机组应结合避难场所建筑布局，满足供电范围内因灾设施用电需求。

6.3.6 主要机房、工作人员作业区、医疗卫生救护区等场所，除设置正常照明外，还应设置备用照明。备用照明的照度值不应低于该场所正常照明照度标准值的10%。避难场所各部位（房间）正常照明和灾时照明照度应符合现行国家、行业及地方有关标准的规定。

6.3.7 避难场所宜利用既有有线和无线信息网络。除社区应急避难场所外，其余等级应急避难场所每个避难功能区宜预留网络（弱电）电源箱，紧急情况下供便携式通信设施供电使用。社区应急避难场所可采用手持电台作为应急通信手段。

6.3.8 避难场所宜设置广播和视频监控功能。广播和监控应覆盖各功能区、出入口、主要道路、重要避难设施的重要部位。当短期避难场所和紧急避难场所平时未设置广播系统时，场所的广播功能可采用移动扩音器的方式实施。

6.4 垃圾收集

6.4.1 垃圾收集点的服务半径不宜超过70 m。

6.4.2 垃圾容器间宜设有给排水和通风设施，混合收集垃圾容器间占地面积不宜小于 5 m²,分类收集垃圾容器间占地面积不宜小于 10 m²。

6.4.3 可移动垃圾箱的设置应符合下列规定:

1 宜在各避难功能分区出入口或附近设置垃圾箱。

2 垃圾箱宜按每 300 m²～1 000 m² 设置 1 处。

3 场所内的垃圾不得溢出而影响环境。

4 其他设计要求应符合现行行业标准《环境卫生设施设置标准》CJJ 27 的有关规定。

6.4.4 应急医疗卫生区应设单独的应急垃圾储运设施并设置卫生防疫分隔。

6.5 厕 所

6.5.1 避难场所可采用固定和临时的方式配置厕所的功能。

6.5.2 当避难场所用于短期、中期避难使用时,避难宿住区的厕所厕位数量不应少于避难人员的 1.0%;当避难场所用于长期避难使用时,避难宿住区的厕所厕位数量不应少于避难人数的 2.0%。

6.5.3 厕所的位置应位于避难场所下风向,集中配置的厕所与宿住设施之间应留有卫生防护距离。

6.5.4 应急医疗卫生救护区宜单独设置医护人员的卫生间和伤员卫生间。

6.5.5 有条件的等级应急避难场所,可设置第三卫生间。第三卫生间应独立设置,并应有特殊标志和说明,且应符合现行行业标准《城市公共厕所设计标准》CJJ 14 的相关规定。厕所的设置还应满足无障碍设计规范的规定。

6.6 标 识

6.6.1 应急避难场所的标识包括场所标志牌、标识牌、指示牌、警告标志,标识应有汉语和英语两种文字说明。应急避难标识基本要求详见本标准附录B。

6.6.2 避难场所应设置明显的、易于辨别的标识。标识应与场所、环境、原有标识相协调。场所标志牌应采用固定设置的方式,其他标识可采用平时储备、灾时紧急安装的方式实施,相关标识应避免重复设置。

6.6.3 Ⅰ类中心避难场所、Ⅰ类固定长期场所、Ⅰ类固定中期场所、Ⅱ类固定中期场所应设置场所标志牌、标识牌、指示牌,必要时设警告标识。Ⅱ类固定短期场所、Ⅲ类固定短期场所应设置场所标志牌、标识牌,必要时设警告标识。社区应急避难场所应设置场所标志牌。

6.6.4 场所标志牌设置应符合下列规定:

　　1 社区应急避难场所主要入口处的显著位置,应设置场所标志牌。

　　2 等级应急避难场所主要入口处的显著位置,应设场所标志牌和场所功能演示标识牌,示意牌内应写明场所的基本信息、避难场所使用规则、注意事项,标明场所内部各类避难功能区的空间位置和避难设施的位置、注意和避让的危险区域,示意疏散路线,可在应急避难场所平面图中标注场所的二维码。改建的场所功能演示标识牌的风格应与原场所标识相协调。

　　3 场所功能演示标识牌宜采用固定式设置,有条件的应急避难场所可有演示多媒体。

6.6.5 设置在避难功能区和避难设施附近的标识牌需有提醒位置的功能,应符合下列规定:

　　1 各避难功能区的入口和各类避难设施宜设置标识牌。

　　2 避难宿住区入口处宜设置说明区内分区编号及位置的标识牌;避难场所内的指示牌与标识牌之间的导向信息应连续。避难场所内部的道路分岔口等处宜设置指示牌。

6.6.6 警告标志设置应符合下列规定：

1 对于应急避难场所内不具备避难功能的建(构)筑物、工程设施和设施,应在通过安全评估后划定安全区域,并设置明显的警告标志。

2 不宜避难人员进入或接近的区域或建筑安全距离附近的警告标志牌应醒目、突出,包括禁止进入图示,明确告知危险因素和安全要求。

3 警告标志的设置要求应符合现行国家标准《图形符号 安全色和安全标志 第5部分:安全标志使用原则与要求》GB/T 2893.5的有关规定。

6.6.7 各类标志设施应经久耐用,图案、文字和色彩简洁、牢固、醒目,并便于夜间辨认。

6.6.8 应急避难标识的其他设置要求应符合现行国家标准《应急导向系统 设置原则与要求》GB/T 23809的有关规定。

7 避难建筑设计

7.1 建筑设计

7.1.1 避难建筑应结合建筑的平时功能和现状条件,根据避难人数布局避难功能,配置相应的避难设施。

7.1.2 除防洪避难建筑外,避难容量大于建筑平时使用人员规模的避难建筑宿住功能应优先设在1层和2层。当条件受限时,也可设置在3层及以上。各层安全出入口、疏散楼梯及消防设施应满足消防安全要求。

7.1.3 避难建筑应进行防火设计,并应符合现行国家标准《建筑防火通用规范》GB 55037 和《建筑设计防火规范》GB 50016 中关于人员密集场所的有关规定。

7.1.4 避难建筑中的疏散出口应分散布置,房间疏散门应直接通向安全出口,不应经过其他房间。疏散出口的宽度和数量应根据避难人数按照国家现行标准《建筑防火通用规范》GB 55037 和《建筑设计防火规范》GB 50016 的要求确定。

7.1.5 当避难房间内设计避难宿住人数超过 50 人时,宜分区设置,且区内每人睡眠宽度不应小于 0.55 m,通道宽度不应小于 0.65 m。

7.1.6 避难建筑应进行无障碍设计,行动障碍者和视觉障碍者主要使用的三级及以上的台阶和楼梯应在两侧设置扶手,楼梯踏步应防滑。其他设计要求应符合现行国家标准《建筑与市政工程无障碍通用规范》GB 55019 的规定。

7.2 结构设计

7.2.1 避难建筑的场地应符合现行国家标准《建筑抗震设计规范》GB 50011和现行上海市工程建设标准《建筑抗震设计标准》DG/TJ 08—9、《地基基础设计标准》DGJ 08—11的有关规定,且符合下列规定:

1 避难建筑场地基础设计存在液化土层地基时,应按7度（0.15g）进行液化判别,并采取处理措施。

2 避难建筑不应将未经处理的液化土层作为天然地基持力层;所采取的地基液化沉陷处理措施应使处理后的地基液化指数不大于5。

7.2.2 用于躲避地震灾害的避难建筑的抗震设计应符合下列规定:

1 避难建筑应采用设置多道抗震防线的结构体系。

2 避难建筑设计应具备抗连续倒塌的能力。

3 避难建筑应按不低于抗震设防烈度8度的要求采取抗震措施。

4 建筑非结构构件和建筑附属机电设施及其与主体结构的连接应进行抗震设计,并应采取与主体结构加强连接或柔性连接的措施。

7.2.3 避难建筑的抗风设计应符合下列规定:

1 用于躲避风灾的避难建筑基本风压应按不低于100年一遇的风压采用,其地面粗糙度类型应提高一类。

2 用于躲避风灾的避难建筑洞口均应按其破坏不致损伤整体结构体系安全确定,并应按照最大洞口为敞开时分析室内压力影响;洞口围护构件应验算室内正压力效应。

7.3 建筑设施与环境

7.3.1 避难建筑宜采用自然采光和通风，并应具备防风、防雨、防晒和防寒等适合宿住的条件。用作人员宿住或物资储备对通风有专门要求的避难建筑，需设通风设施时，应配置机械通风所需要的紧急备用电源和供电设施。

7.3.2 避难建筑内的用电负荷应按重要性和应急保障要求确定。避难场所内的室外场地应采取防触电措施。避难建筑应采用安全型电源插座。

附录 A 避难设施配置要求及保障类型

A.0.1 设计应急避难场所时,应先按照本标准第 4.1.2 条的要求布局避难功能区,再根据布局的避难功能区按照表 A.0.1 的要求配置避难设施,并结合今后的管理要求确定避难设施的保障类型。

表 A.0.1 避难设施配置要求及保障类型

避难功能区	避难设施	场所类型													
		等级应急避难场所												社区应急避难场所	
		Ⅰ类				Ⅱ类						Ⅲ类			
		中心避难场所		固定长期场所		固定中期场所		固定中期场所		固定短期场所		固定短期场所		紧急避难场所	
		配置要求	保障类型	配置要求	保障类型	配置要求	保障类型	配置要求	保障类型	配置要求	保障类型	配置要求	保障类型	配置要求	保障类型
出入口	监控、照明、场所标志牌等	●	A	●	A	●	A	●	A	●	A	●	A	●	A
交通	场所功能演示标识牌	●	A	●	A	●	A	●	A	●	A	●	A	△	A/B

— 28 —

续表 A.0.1

避难功能	避难功能区	避难设施	场所类型											
			等级应急避难场所										社区应急避难场所	
			I类				II类				III类			
			中心避难场所		固定长期场所		固定中期场所		固定短期场所		固定短期场所		紧急避难场所	
			配置要求	保障类型	配置要求	保障类型	配置要求	保障类型	配置要求	保障类型	配置要求	保障类型	配置要求	保障类型
交通	疏散道路	监控、照明、指示牌	●	A	●	A	●	A	●	A	●	A	△	A
	机动/非机动车停车场	标识牌	●	A/B	●	A/B	●	A/B	●	A/B	●	A/B	△	A/B
	直升机起降场地	照明	●	A	●	A	●	A	●	A	●	A	△	A
		标识牌	●	A/B	●	A/B	●	A/B	●	A/B	●	A/B	△	A/B
管理	应急指挥区	应急演练培训设施	○	A	△	A	△	A	△	A				
		监控	●	A	●	A	●	A	●	A	●	A	△	A
		通信、广播	●	A/B	●	A/B	●	A/B	●	A/B	●	A/B	△	A/B/C
		标识牌	●	A	●	A	●	A	●	A	●	A	△	A/B/C
	应急管理室	监控	●	A	●	A	●	A	●	A	●	A	△	A
		通信、广播	●	A/B	●	A/B	●	A/B	●	A/B	●	A/B	△	A/B
		标识牌	●	A	●	A	●	A	●	A	●	A	△	A/B

续表 A.0.1

避难功能	避难功能区	避难设施	场所类型											
			等级应急避难场所											社区应急避难场所
			中心避难场所		I类		II类				III类		紧急避难场所	
					固定长期场所		固定中期场所		固定短期场所		固定短期场所			
			配置要求	保障类型	配置要求	保障类型	配置要求	保障类型	配置要求	保障类型	配置要求	保障类型	配置要求	保障类型
人员安置	避难宿住区、特殊人群避难宿住区	帐篷、简易活动房	○	A/B	○	A/B/C	○	A/B/C	○	A/B/C	○	A/B/C	△	A/B/C
		监控	●	A	●	A/B/C	●	A	●	A/B/C	●	A	△	A
		厕所	●	A/B/C	●	A/B/C	●	A/B/C	●	A/B/C	●	A/B/C	△	A/B/C
		垃圾箱	●	A/B/C	●	A/B/C	●	A/B/C	●	A/B/C	●	A/B/C	△	A/B/C
		标识牌	●	A/B	●	A/B	●	A/B	●	A/B	●	A/B	○	A/B
物资保障	物资发放区	标识牌	●	A/B	●	A/B	●	A/B	●	A/B	●	A/B	△	A/B
医疗卫生救护	医疗卫生救护区/点	监控	●	A	●	A	●	A	●	A	●	A	△	A
		照明	●	A/B/C	●	A/B/C	●	A/B/C	●	A/B/C	●	A/B/C	△	A/B/C
		标识牌	●	A/B	●	A/B	●	A/B	●	A/B	●	A/B	△	A/B

续表 A.0.1

避难功能	避难功能区	避难设施	中心避难场所 配置要求	中心避难场所 保障类型	I类 固定长期场所 配置要求	I类 固定长期场所 保障类型	固定中期场所 配置要求	固定中期场所 保障类型	II类 固定中期场所 配置要求	II类 固定中期场所 保障类型	固定短期场所 配置要求	固定短期场所 保障类型	III类 固定短期场所 配置要求	III类 固定短期场所 保障类型	社区应急避难场所 紧急避难场所 配置要求	社区应急避难场所 紧急避难场所 保障类型
给水	水源(≥2种)	市政供水水源	●	A	●	A	●	A	●	A	●	A	●	A	●	A
		ived应急储水装置(储水水箱/水池/水袋,桶装水等)	●	A/B	●	A/B	●	A/B	●	A/B	●	A/B	●	A/B	△	A/B
		场所500 m范围内的深井或地表水源、标识牌	●	A	●	A	●	A	●	A	●	A	●	A	△	A
	—	饮水处、标识牌	●	A/B/C	●	A/B/C	●	A/B/C	●	A/B/C	●	A/B/C	●	A/B/C	△	A/B/C
	—	净滤水设施、标识牌	●	A/B/C	●	A/B/C	●	A/B/C	●	A/B/C	●	A/B/C	●	A/B/C	△	A/B/C

续表 A.0.1

避难功能	避难功能区	避难设施		场所类型												
				等级应急避难场所											社区应急避难场所	
				I类				II类				III类				
				中心避难场所		固定长期场所		固定中期场所		固定短期场所		固定中期场所		固定短期场所		紧急避难场所	
				配置要求	保障类型	配置要求	保障类型	配置要求	保障类型	配置要求	保障类型	配置要求	保障类型	配置要求	保障类型	配置要求	保障类型
给水	—	给水管道	市政供水管道	●	A	●	A	●	A	●	A	●	A	●	A	●	A
			用水应急至供水点的供水管道	●	A	●	A	●	A	●	A	●	A	●	A		
消防	防火分区、防火分隔、安全疏散道路	水源		●	A	●	A	●	A	●	A	●	A	●	A	△	A
		消防栓、消防管网		●	A	●	A	●	A	●	A	●	A	●	A	△	A
		消防器材、标识牌		●	A/B/C	●	A/B/C	●	A/B/C	●	A/B/C	●	A/B/C	●	A/B/C	●	A/B/C
电气	—	电源	市政电源	●	A	●	A	●	A	●	A	●	A	●	A	●	A
			发电机组、标识牌	●	A	●	A	●	A	●	A	△	A	△	A		
			移动照明设施	●	A	●	A	●	A	●	A	●	A	●	A		
	—	照明设施	人员安置区（室内）	●	A	●	A	●	A	●	A	●	A	●	A	●	A

续表A.0.1

避难功能区	避难设施	场所类型											
		等级应急避难场所												社区应急避难场所	
		I类				II类				III类		紧急避难场所	
		中心避难场所		固定长期场所		固定中期场所		固定短期场所		固定短期场所			
		配置要求	保障类型	配置要求	保障类型	配置要求	保障类型	配置要求	保障类型	配置要求	保障类型	配置要求	保障类型
照明设施	人员安置区(室外)	●	A/B/C	●	A/B/C	●	A/B/C	●	A/B/C	●	A/B/C	●	A/B/C
	移动设施充电设施	●	A/B/C	●	A/B/C	●	A/B/C	●	A/B/C	●	A/B/C	△	A/B/C
电气线路	原市政线路	●	A	●	A	●	A	●	A	●	A	●	A
	场地末端照明线路	●	A/B/C	●	A/B/C	●	A/B/C	●	A/B/C	●	A/B/C	△	A/B/C
厕所	固定厕所、临时厕所、污水管网、污水井	●	A/B	●	A/B	●	A/B	●	A/B	●	A/B	△	A
—	标识牌	●	A/B	●	A/B	●	A/B	●	A/B	●	A/B	△	A
垃圾收集	垃圾收集点	●	A/B	●	A/B	●	A/B	●	A/B	●	A/B	△	A/B

注:1. 设置要求中"●"表示应设,"○"表示宜设,"△"表示可设。
2. 设施类型中"A"表示永久保障型功能,"B"表示紧急转换型功能,"C"表示紧急引入型功能。

附录 B 应急避难标识基本要求

表 B-1 常用应急避难标识基本图形符号

编号	图形符号	名称	说明
1		应急避难场所 Emergency Shelter	用于突发公共事件状态下，供居民紧急疏散、临时生活的安全场所。 在本标准其他标志中使用该符号时，可采用该符号的镜像图形
2		应急管理 Emergency Management	用于应急避难场所的管理区
3		方向 Direction	用于指示避难场所的方向。符号方向视情况设置
4		应急通信 Emergency Communication	应急状态下提供通信设施的区域
5		应急物资供应 Emergency Goods Supply	应急状态下救灾物资供应的地点
6		应急供电 Emergency Power Supply	应急状态下供电、照明的设施

续表B-1

编号	图形符号	名称	说明
7		应急水源 Emergency Water	应急状态下启用的水源
8		应急饮用水 Emergency Drinking Water	应急状态下饮用水的地点
9		人员安置区 Emergency Resettlement Area	应急状态下安置人员宿住或休息的区域
10		应急厕所 Emergency Toilets	应急状态下的简易厕所
11		应急医疗卫生救护 Emergency Healthcare Assistance	应急状态下医疗卫生救护、卫生防疫的地点
12		应急灭火器 Emergency Fire Extinguisher	应急状态下提供应急灭火器的地点
13		应急垃圾存放 Emergency Rubbish	应急状态下垃圾集中存放的地点

续表B-1

编号	图形符号	名称	说明
14		应急污水排放 Emergency Sewage Vent	应急状态下污水排放的地点
15		应急停车场 Emergency Parking	应急状态下机动车停放的区域
16		应急非机动车停放 Emergency Parking for Bicycle	应急状态下自行车停放的区域
17		直升机起降场地 Helicopter Landing Zone	应急状态下直升机的起降场地

图 B-1 和图 B-2 给出了应急避难场所标识牌和指示牌的建议尺寸。a 边的取值见表 B-2。

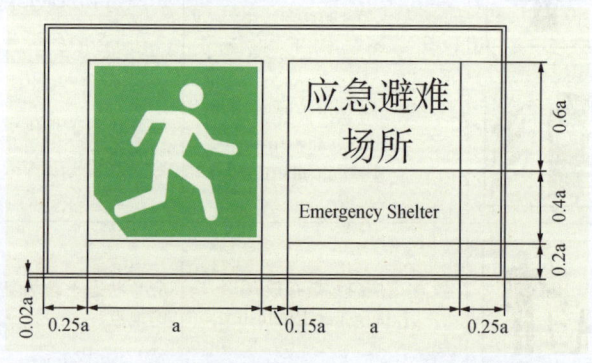

图 B-1 应急避难场所标志牌、标识牌建议尺寸

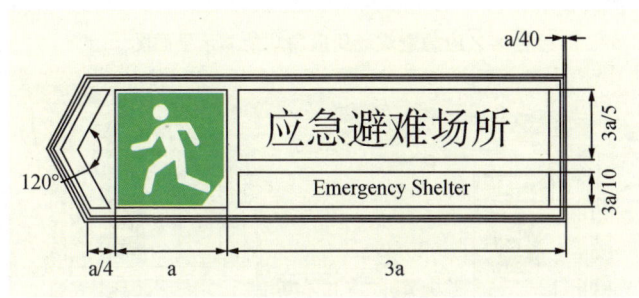

图 B-2 应急避难场所指示牌建议尺寸

表 B-2　a 边取值

型号	观察距离 L(m)	取值(m)
1	$0<L\leqslant2.5$	0.063
2	$2.5<L\leqslant4.0$	0.100
3	$4.0<L\leqslant6.3$	0.160
4	$6.3<L\leqslant10.0$	0.250
5	$10.0<L\leqslant16.0$	0.400
6	$16.0<L\leqslant25.0$	0.630
7	$25.0<L\leqslant40.0$	1.000

注：允许有3%的误差。

图 B-3、图 B-4 给出了应急避难场所功能演示标识牌的示例。

×××应急避难场所应急功能演示平面图

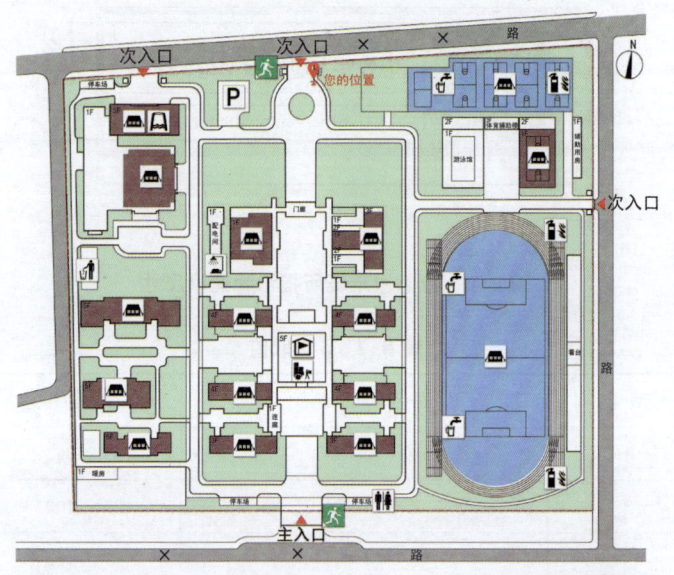

上海市×××应急避难场所位于×××区×××路×××号，总占地面积×××平方米，总避难面积×××平方米，可承担避难人数×××人，是一处可以应对台风、地震等灾害的Ⅱ类固定中期避难场所，最长开放时间为30天。

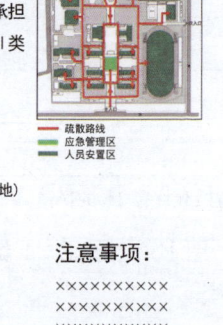

图例：
- 人员安置区(室内)
- 人员安置区(室外)
- 应急管理区
- 应急物资供应
- 应急医疗卫生救护
- 应急供电(柴油发电机)
- 应急水源
- 应急饮用水
- 应急垃圾存放
- 应急厕所(车载厕所停放场地)
- 应急停车场
- 应急灭火器
- 应急避难场所标志牌
- 应急避难场所出入口
- 用地红线

—— 疏散路线
应急管理区
人员安置区

注意事项：
××××××××××
××××××××××
××××××××××
××××××××××

图 B-3　应急避难场所功能演示标识牌——平面图示例

图 B-4 应急避难场所功能演示标识牌——效果图示例

本标准用词说明

1 为了便于在执行本标准条文时区别对待,对要求严格程度不同的用词说明如下:

1) 表示很严格,非这样做不可的用词:

正面词采用"必须";

反面词采用"严禁"。

2) 表示严格,在正常情况下均应这样做的用词:

正面词采用"应";

反面词采用"不应"或"不得"。

3) 表示允许稍有选择,在条件许可时首先这样做的用词:

正面词采用"宜";

反面词采用"不宜"。

4) 表示有选择,在一定条件下可以这样做的用词,采用"可"。

2 条文中指明应按其他有关标准、规范执行时的写法为"应符合……的规定(或要求)"或"应按……执行"。

引用标准名录

1 《生活饮用水卫生标准》GB 5749
2 《医疗机构水污染物排放标准》GB 18466
3 《建筑抗震设计规范》GB 50011
4 《建筑给水排水设计标准》GB 50015
5 《建筑设计防火规范》GB 50016
6 《建筑防火通用规范》GB 55037
7 《建筑灭火器配置设计规范》GB 50140
8 《建筑与市政工程无障碍通用规范》GB 55019
9 《特殊设施工程项目规范》GB 55028
10 《图形符号　安全色和安全标志　第5部分：安全标志使用原则与要求》GB/T 2893.5
11 《应急导向系统　设置原则与要求》GB/T 23809
12 《城市公共厕所设计标准》CJJ 14
13 《环境卫生设施设置标准》CJJ 27
14 《民用直升机场飞行场地技术标准》MH 5013
15 《建筑抗震设计标准》DG/TJ 08—9
16 《地基基础设计标准》DGJ 08—11

标准上一版编制单位及人员信息

DG/TJ 08—2188—2015

主 编 单 位：上海市园林设计院有限公司
　　　　　　上海现代建筑设计(集团)有限公司
主要起草人：范善华　李　军　张希波　陆宇德　鞠晓丹
　　　　　　陈新宇　张　沂　汪　军　施建明　叶森森
主要审查人：吴　成　吴　文　张文娟　瞿肇明　王献心
　　　　　　季皓雪　章迎尔

上海市工程建设规范

应急避难场所设计标准

DG/TJ 08—2188—2023
J 13268—2023

条 文 说 明

2023　上海

目　次

1 总　则 …………………………………………………… 47
3 建设要求 ………………………………………………… 49
　3.1 场所布局 …………………………………………… 49
　3.2 场所选择 …………………………………………… 50
　3.3 设防要求 …………………………………………… 51
4 总体设计 ………………………………………………… 52
　4.1 总体布局 …………………………………………… 52
　4.2 交通设计 …………………………………………… 52
5 避难功能设计 …………………………………………… 53
　5.1 管　理 ……………………………………………… 53
　5.3 物资保障 …………………………………………… 54
　5.4 医疗卫生救护 ……………………………………… 54
6 避难设施设计 …………………………………………… 55
　6.1 给水与排水 ………………………………………… 55
　6.2 消防供水 …………………………………………… 56
　6.3 电　气 ……………………………………………… 57
　6.6 标　识 ……………………………………………… 58
7 避难建筑设计 …………………………………………… 59
　7.1 建筑设计 …………………………………………… 59
　7.2 结构设计 …………………………………………… 59

— 45 —

Contents

1 General provisions ·· 47
3 Construction requirements ···································· 49
   3.1 Spatial layout ·· 49
   3.2 Site location ·· 50
   3.3 Disaster fortification requirements ···················· 51
4 Overall design ·· 52
   4.1 Overall layout ·· 52
   4.2 Design of the transportation system ················ 52
5 Design of the emergency zone ································ 53
   5.1 Management ·· 53
   5.3 Commodities-ensuring ·································· 54
   5.4 Emergency zone for medical care ···················· 54
6 Design of emergency facilities ································ 55
   6.1 Water supply and drainage design ···················· 55
   6.2 Fire-water supplying ······································ 56
   6.3 Electricity design ·· 57
   6.6 Sheltering signs design ·································· 58
7 Design of emergency congregate sheltering structure ······ 59
   7.1 Architectural design ······································ 59
   7.2 Structural design ·· 59

1 总　则

1.0.1 本条规定了本标准制定的目的。

根据上海市住房和城乡建设管理委员会《关于印发〈2021年上海市工程建设规范、建筑标准设计编制计划〉的通知》(沪建标定〔2020〕771号)的要求,对《应急避难场所设计规范》DG/TJ 08—2188—2015(以下简称"2015年版标准")进行修订。本标准制定的目的是为了进一步加强和规范应急避难场所设计,确保突发性灾害事故发生后应急避难场所内的避难功能被正常启用,保证市民快速、有序地疏散及安置,最大限度地减少人员伤亡和财产损失,增强城市抵御灾害事故的整体能力,确保城市安全和社会稳定。

1.0.2 本条规定了适用范围。

1.0.3 本条规定了上海市应急避难场所设计的指导思想和总体要求。

上海市应急避难场所设计多以认定和改造情形较多,且为专项设计内容。本次修订提出上海市应急避难场所建设原则的第一点是:融合式建设。融合式建设是指灾前设计师在设计应急避难场所的避难功能时,应站在业主的角度,帮业主解决如何将增加的避难功能与场所原有的功能相结合的问题,做到某些避难功能平时也能使用,灾难发生的时候也能使用;帮业主考虑如何将增加的避难设施与场所内原有的设施在功能上和风格上进行融合,即某些避难设施在平时也能被使用,灾难发生时通过评估和转换,也能被使用,从而达到平灾结合的目标。

考虑到应急避难场所的设计涉及今后场所内避难设施的维护问题,如果建设方能在前期设计时就考虑到平时如何使用这些设施,今后怎样管理这些设施,就能避免避难设施建设后被闲置的问题。

建设原则的第二点是:标准化嵌入。本标准中规定了上海市各类应急避难场所内避难功能和避难设施的配置要求,并明确了避难设施的类型。这些标准化的规定,是为了便于设计师按照统一的设计标准,布局应急避难场所的避难功能,并配置相应的避难设施。

建设原则的第三点是:功能性叠加。应急避难场所设计是某个场所内的专项设计内容,叠加设计的避难功能不应与场所原有的功能相矛盾。设计师在设计时应考虑如何将避难功能与场所原有的功能相融合。如有些改造型项目,场所内已配置灾时需要的设施,如厕所、照明设施、监控设施、通信设施等,那么设计师在设计时应尽量利用原有的设施或设备,通过灾前的评估和转换,供灾时使用。如场所内原有的避难设施或设施不能满足灾时避难人员的需要,那么设计师可以在设计时根据场所的等级和避难人数,部分新增一些设施和设备,供灾时使用。这样的设置方式不仅可以节约工程投资,也能加快应急避难场所内避难功能的改造速度。

建设原则的第四点是:多灾种防护。上海市应急避难场所主要是为了躲避自然灾害和应对突发事件。上海市主要的自然灾害为台风、洪水灾害,考虑到上海市也存在受到地震灾害影响的可能性,所以上海市应急避难场所是灾前提前设置的,一旦地震、气象、洪涝灾害等发生时,可以供避难人员临时或长期避难,保障避难人员在避难期间的基本生活需要。

1.0.4 本标准主要是规定了上海市应急避难场所专项设计的总体要求。设计师在设计应急避难场所时,除应按照本标准的要求执行外,还应按照国家、行业及本市现行有关标准的规定进行设计。

3 建设要求

3.1 场所布局

3.1.1 上海市应急避难场所在设计前,设计师应拿到上位已批复的场所类型和避难人数的文件,作为设计应急避难场所的依据。设计师可以按照本标准的要求,根据场所等级配置避难功能和设施。

3.1.2 本条的数据结合了现行国家标准《防灾避难场所设计规范》GB 51143(以下简称"国标")的要求,并结合上海的实际情况,规定了上海应急避难场所的类型和相关指标。

2015年版标准中将应急避难场所分为Ⅰ类应急避难场所、Ⅱ类应急避难场所和Ⅲ类应急避难场所。

国家在上海市发布地方标准后,同年发布了国标,国标中将应急避难场所分为紧急避难场所、固定避难场所和中心避难场所。2017年,住房和城乡建设部发布了《城市社区应急避难场所建设标准》建标180—2017,标准中提出"社区应急避难场所"的概念。

为了与国标相协调,同时与上海已建的三类应急避难场所的类型相衔接,本次修订,对上海市应急避难场所的类型进行了更新,其中的指标数据结合国家标准和上海市标准作了调整。表中"中类"对应2015年版标准分类,"小类"对应2015年已发布的国家标准分类。

本次修订新增"人员安置区人均避难面积"的指标,指标数据参考国标中"人均有效避难面积"的指标。在国标中"有效避难面积"的计算方法是将各避难功能和避难设施的占地面积都统计在本指标中。这样统计存在的问题是：很多避难功能实际上不能保障避难人员生活，如避难道路（为了方便避难人员和保障车辆通行）和放置避难设施（如应急通信车等）所占用的空间，不能保障避难人员宿住和活动的需要。

在实际避难时，只有"人员安置区"的空间才能为避难人员提供宿住和休息的功能。因此，本次修订新增"人员安置区人均避难面积"的指标，目的也是为了提高避难人员灾时避难的舒适感。

表3.1.2中的"避难场所设计开放时间"是指避难场所的避难功能从启用至关闭所经历的时间，数据与国标一致。

3.2 场所选择

3.2.1 本条规定了应急避难场所安全性的总体要求。

当自然灾害或突发事件发生时，应急避难场所能为避难人员提供基本的生活需要。也就是说，避难场所本身应该是安全的场所，灾时应尽量避免次生灾害的产生。

避难场所的选址必须避开可能产生次生灾害的区域，如避开崩塌、地裂、行洪区等，尽量保证场所内避难人员的安全。

3.2.2 本条为场所选址的指引性要求。

1 本款是对场所可达性的交通要求。当自然灾害或突发事件发生时，应急避难场所应便于人员疏散。也就是说，避难人员可以通过步行或者其他交通方式，便捷地到达避难地点。

2 本款是对社区应急避难场所选址的指引要求。社区应急避难场所主要为场所周边居民提供短期的避难服务。如火灾或地震灾害发生时，导致居民暂时不能回家，这种情况下，居民可以快速地疏散到就近的花园、广场、空地等室外区域躲避灾害。如台风灾害发生时，居民可选择避难建筑躲避灾害。

3.3 设防要求

3.3.1 本条规定了避难场所的设防目标和避难设施的设防要求。设计避难场所时,设计师需按照相关上位规划和应急管理要求,进一步分析确定相应灾害的设定防御标准,并满足避难场所使用期间可能遭遇的其他突发事件的防灾要求。

"设防标准"是指设计避难场所时,所需考虑的是避难场所灾害的设防标准或灾害水平。它是确定避难规模和防灾布局的依据,也是进行各类工程设施鉴定评价以及避难建筑、避难设施或设施设计的设防依据。

本条中提到的"中等破坏""严重破坏"的定义,可详见现行国家标准《建(构)筑物地震破坏等级划分》GB/T 24335。

3.3.2~3.3.4 在2022年新发布的国家标准《特殊设施工程项目规范》GB 55028—2022中,已分灾种规定了应急避难场所的设防要求。本标准依据国家新发布的标准,对躲避地震灾害、风灾、洪水灾害的避难建筑提出了基本的设防要求。

3.3.5 本条规定了应急避难场所的排水要求。避难场所的排水工程应能迅速、及时地将场所内雨水排出,并通过高程控制或排水系统等措施来实现其防灾目标,以免避难功能区周边区域积水影响避难功能发挥。避难场所的排水设计重现期参照各区重点区域确定。

4 总体设计

4.1 总体布局

4.1.1 本条明确了应急避难场所的设计内容。

4.1.2 本条规定了避难功能区在各类应急避难场所中的配置要求。

4.1.5 本条是对避难设施的设置提出了具体的要求。

为了保证应急避难场所在灾难发生时被正常开启,避难功能和避难设施必须事先设计,有些设施必须在场所建设的时候就安装到位(即永久保障型),如应急避难场所门口的标志牌。

有的设施可以在临灾时,通过应急转换(经评估是安全的,功能可以被使用)才能被启用,如场所内的标识牌。平时场所内的标识牌可能被存放在场所内或场所附近的仓库里,临灾时经评估(如果标识牌图案和标识牌本身的材料无损坏)可以被使用,那么临灾或灾时,标识牌就可以被安装在避难场所内,指引避难人员前往具体的避难地点,或用于避难人员识别避难设施的名字使用。

有的设施,如帐篷,因为储备量较大,场所也许没有足够的空间储存。这种情况下,设计师可以根据场所内安置的避难人数和安置方式,提前设计帐篷的规格,计算帐篷的数量,并记录在设计图纸内。临灾时由场所启用的管理部门以临时调拨或采购的方式准备帐篷,灾时为避难人员提供避难宿住功能。

4.2 交通设计

4.2.6 应急保障车辆是指保障避难功能正常使用的车辆,如消防车、通信车、供水车、供电车等。

5 避难功能设计

5.1 管 理

5.1.2、5.1.3 条文规定了避难场所内管理功能的设计要求,并提出了"应急指挥区"和"应急管理区"的概念。

应急指挥区和应急管理区的区别在于服务对象不同。

应急指挥区服务的对象为本行政区内所有的应急避难场所,应急管理区只服务于某一个应急避难场所。也就是说,上海市某一个行政区在规划应急避难场所的时候,有可能只会在某个Ⅰ类中心避难场所内设置应急指挥区,用于管理全区的应急避难场所。区内其他应急避难场所内,也许只设置应急管理区,负责管理单个应急避难场所。

5.1.3 本条提出了"应急管理室"和"应急管理点"的概念。

关于设置的位置:应急管理室和应急管理点均位于某一个应急避难场所内。

关于服务的对象:应急管理室只服务于单个应急避难场所,应急管理点服务于单个应急避难场所内的单个人员安置区。

关于配置避难设施的要求:应急管理室最好结合场所内原有的会议室配置,并配置监控屏幕、通信、广播等设施,便于统一管理某一个应急避难场所;应急管理点可根据场所内避难人员的分布情况,在场所内设置多处应急管理点,为单个避难场所内不同区域的避难人员提供人员信息登记等服务。

5.3 物资保障

5.3.2 本条提出了物资保障区设置的引导性要求。

为了避免出现平时储备的物资,如食物和饮用水过期的问题。本条建议上海市应急避难场所的物资储备区可以设置在场所内或场所周边。如可以利用场所内或场所周边的超市或小卖部等社会资源,对灾时使用的物资进行储备。在应急避难场所内只设置物资发放的区域,用于灾时物资的发放使用。

5.4 医疗卫生救护

5.4.1、5.4.2 条文提出了医疗卫生救护功能设置的引导性要求。

为了综合利用应急避难场所周边的医疗资源,上海市应急避难场所在设置医疗卫生救护功能的时候,应尽量利用场所周边的医疗资源,作为对某一个应急避难场所内医疗卫生救护功能的支撑。

如场所周边有医院等医疗资源,那么设计师在设计时只需在应急避难场所内设置医疗卫生救护点,储存基本的卫生用品和药物,便于灾时为避难人员提供简单地医疗处理即可。如避难人员发生严重的伤害,应及时转移到应急避难场所周边的医院进行专业治疗。

6 避难设施设计

6.1 给水与排水

6.1.1 灾时储水设施可采用自备生活水箱、蓄水池,灾时取水设施可采用深井及地表水源供水。避难场所如同时使用城市自来水、灾时储水设施或灾时取水设施,为了防止水质污染,需采取防止两种水源串通的隔断措施。

6.1.2 本条提出的目的是为了防止灾时应急水源被污染。

6.1.3 为了保证市政供水的稳定性,需采取两路市政供水的方式。

6.1.5 等级应急避难场所一般配置储水设施、水泵供水系统,保障灾时用水;社区避难场所可使用移动供水车辆或桶装水等措施保障灾时用水。如场所内部或周边有可利用的地表水源,且场所内必须采用地表水源+净水设施作为场所的供水方式时,平时需要将净水消毒设施安装到位,保障灾时用水。

本条第 6 款,饮用水灾时储水装置单独设置的目的主要是避免饮用水被挪用、防止饮用水被污染。设置消毒措施的目的主要是为了保障供水的安全。

6.1.6 当应急避难场所内使用平时水冲厕所作为应急厕所时,需预留适量的生活用水水量,以供灾时使用。

6.1.10 本条是指场所内有地形高差可以利用、无需设排水泵、全部依靠重力可以排出室内污废水的情况。

6.1.11 有排污条件的应急避难场所,其排污系统应与市政管网连接;无排污条件的应急避难场所应设基本生活污水集水池,供场所暂存灾时生活污水使用,灾后由专业人员统一处理。

6.1.13 对于平时不使用的应急储水水池（箱）及增压设施，允许采用平时预留位置、临灾或灾时安装到位的方式。采用这种方式主要出于两点考虑：一是目前普遍使用的拼装式钢板水箱技术成熟、可靠，拼装周期较短，货源充足；二是灾时使用的水箱一般容量较大，占地面积较大，平时不安装水箱，可以不影响场所内其他功能的使用，临灾或灾时快速安装到位，也能保证灾时供水。

6.1.14 本条内容参考了现行国家标准《生活饮用水卫生标准》GB 5749和上海市水务局2011年6月颁布的《应急供水深井（采灌井）建设技术导则（试行）》的有关规定。

深井回扬水排水池应具有消能的功能，消能后可以直接通过室外排水管网进行排放，室外排水管网的排水能力需大于深井的供水能力。

6.2 消防供水

6.2.1

1 本款规定了消防水源和设施配置所依据的最低消防扑救要求。避难场所内消防和疏散设计的基本原则是把避难场所作为重要的消防地区来对待，并按照人员密集场所的要求确定相关防火要求，采取相应的消防措施。本款主要是基于此原则，按照我国消防的法律法规和标准等要求作出规定。

2 应急避难场所内的宿住区为人员密集区，可燃物较多，平时配备的灭火器宜按A类固体物质火灾严重危险级配置。

4 本款对应急消防供水的水源提出了要求。避难场所内的消防水源宜综合利用市政供水系统、灾时储水体系或天然水系供水。考虑到上海市市政供水是由多水源供水，具有一定的保障性及可靠性。当市政给水管网成环，水压水量稳定有保障且可以连续供水时，可以利用两路市政消防供水作为应急避难场所的消防水源，消防水泵可以直接从市政消防管网上吸水。当利用天然水源作为消防水源时，应选择距应急避难场所较近、水量较大、水质较好、取水方便的天然水源作为消防水源。天然水源在枯水期时，最低水位的储水量应满足场所内设计的消防水量。当上述水源均不能满足应急避难场所消防用水的使用要求时，可采用消防水池作为消防水源的补充水源；当应急避难场所附近已有建设完成的深井供水系统时，应及时利用。

6.2.2 社区避难场所应尽量利用周边原有消防设施（室外消火栓、室外消防站等）作为灾时使用，并且在避难场所内设置手提式干粉灭火器。

如社区避难场所的建筑内或周边无固定消防设施，且灾时聚集较多的人员，那么灾时配备的灭火器按 A 类固体物质火灾严重危险级配置。

6.3 电 气

6.3.1 考虑上海市应急避难场所基本在现有建筑和室外空旷场地设置，因此本条提出应利用场所内的市政电源，作为场所供电的其中一种方式。

6.3.3 结合现有场所安装电气设施时，在满足安装条件的前提下应尽量将电气设施安装到位，减少平灾转换。对于灾时搭建的帐篷等需要灾时转换的设施，其附属的电气设施如照明设施等可灾时安装，平时只安装配电箱。

6.3.4 本条第 1 款：中心避难场所、固定长期场所和固定中期场所面积大，避难时间长，市电电源断电风险较大，为保证应急避难场所正常运行，故提出此要求。其余等级较低的应急避难场所，由于面积小、避难时间短，主要保障照明供电即可。照明供电可通过灯具带蓄电池等分散备用电源的形式来保障，无需设置发电机组。

6.3.5 本条第 2 款规定主要为了减少平时火灾的危险。柴油发电机平时不考虑储油，灾时用油可以采用就近加油站供油的方式。

6.6 标 识

6.6.2 为了符合"平灾结合"的原则,避免建设的浪费,应急避难场所的标识应结合场所内原有的标志系统设置。

应急避难场所功能是叠加在场所原有功能上的专项功能,避难人员需要知道哪个场所是应急避难场所。因此,本条要求挂在场所门口的场所标志牌需要在灾前安装到位;其他灾时用于指示避难人员疏散、标识避难功能以及告知避难人员远离危险的指示牌、标识牌和警告标志,可以采用平时提前设计和制作完成,储备在仓库内,临灾或灾时安装到位的方式实施。

场所内的避难设施如有原标识,设计师在设计标识时,无需重复设计。如场所内已有厕所,且标识"公共厕所"的字样,无需重复设计"应急厕所"的字样,用其原"公共厕所"的字样即可。

7 避难建筑设计

7.1 建筑设计

7.1.2 从避难时避难人员安全疏散考虑,由于避难人员密度大,除防洪避难外,避难容量大于建筑平时使用人员规模的避难建筑中满足避难人员的宿住功能应优先设在建筑的地上1层至2层,其中特殊人群的宿住功能应设在地上1层,这样规定也使得避难建筑的消防疏散更易与平时功能一致。避难建筑的选择优先采用低层建筑。

7.1.5 本条规定了设置宿住分区和通道的要求,以便于避难人员休息、通行和疏散。

7.2 结构设计

7.2.1 本条规定了避难建筑的选址和场地条件要求。考虑到避难建筑是灾前建设的重要防灾工程,需考虑其安全保障性。

7.2.2 本条规定了用于地震避难的避难建筑抗震设计的基本要求。确定避难建筑的抗震设防标准和抗震措施时,主要从以下方面考虑:

  1 作为抗震防灾规划设置或指定的避难场所:
  1) 避难建筑需要比其他重要建筑更多地考虑地震的不确定性。
  2) 需要最大限度地确保避难建筑在未来可能发生地震或地震后可能发生余震情况下的抗震安全和避难功能。
  3) 避难建筑还应考虑震后用于大规模人群避难时,人们对于临近危险的特殊心理和感受，不仅其损坏程度应得到更严格控制，而且邻近避难建筑的类似地震地表错断等危险地段或其他危险事故和对避难的影响也应更严格控制；避难建筑允许的损坏以能在紧急处置阶段易于抢修和对避难功能影响不大作为基本要求。因此，避难建筑的抗震设防实际上需要考虑特殊的设防要求和抗震措施。

2 避难建筑的重要性决定了应采取比一般建筑更高的抗震设防目标。

3 建筑非结构构件是指建筑中除承重骨架体系以外的固定构件和部件，主要包括非承重墙体、附着于楼面和屋面结构的构件、装饰构件和部件、固定于楼面的大型储物架等。建筑附属机电设施指为现代建筑使用功能服务的附属机械、电气构件、部件和系统，主要包括电梯、照明和灾时电源、通信设施，管道系统，采暖和空气调节系统，烟火监测和消防系统，公用天线等。

7.2.3 本条规定了避难建筑抗风设计的基本要求。